KB056774

우리나라 수학과 교육과정에서 초등학교 수학 내용은 '수와 연산', '도형', '측정', '규칙성', '자료와 가능성'의 5개 영역으로 구성되는데, 우리가 이 교재에서 다룰 영역은 '규칙성'입니다.

수학은 전통적으로 수와 도형에 관한 학문으로 인식되어 왔지만, '패턴은 수학의 본질이며 수학을 표현하는 언어이다'라고 말한 수학자 Sandefur & Camp의 말에서 알 수 있듯이 패턴(규칙성)은 수학의 주제들을 연결하는 하나의 중요한 핵심 개념입니다.

생활 주변이나 여러 현상에서 찾을 수 있는 규칙 찾기나 두 양 사이의 대응 관계, 비와 비율 개념과 비례적 사고 개발 등의 규칙성과 관련된 수학적 내용들은 실생활의 복잡한 문제를 해결하는 데 매우 유용하며 다양한 현상 탐구와 함수 개념의 기초가 되고 추론 능력을 기르는 데에도 큰 도움이 됩니다.

그럼에도 규칙성은 학교교육에서 주어지는 학습량이 다른 영역에 비해 상대적으로 많이 부족한 것처럼 보입니다. 교육과정에서 규칙성을 독립 단원으로 많이 다루기보다는 특정 영역이 아닌 모든 영역에서 필요할 때 패턴을 녹여서 폭넓게 다루고 있기 때문입니다.

기탄영역별수학-규칙성편은 학교교육에서 상대적으로 부족해 보이는 규칙성 영역의 핵심적 내용들을 집중적으로 체계 있게 다루어 아이들이 규칙성이라는 수학적 탐구 방법을 통해 문제를 쉽게 해결하고 중등 상위 단계(함수 등)로 자연스럽게 개념을 연결할 수 있도록 구성하였습니다.

아이들이 학습하는 동안 자연스럽게 수학적 탐구 방법으로써의 패턴(규칙성)을 이해하고 발전시켜 나갈 수 있도록 구성하였습니다.

수학을 잘하기 위해서는 문제의 패턴을 찾는 능력이 매우 중요합니다.

그런데 이렇게 중요한 패턴 관련 학습이 앞에서 말한 것처럼 학교교육에서 상대적으로 부족해 보이는 이유는 초등수학 교과서에 독립된 규칙성 단원이 매우 적기 때문입니다. 현재 초등수학 교과서 총 71개 단원 중 규칙성을 독립적으로 다룬 단원은 6개 단원에 불과합니다. 규칙성을 독립 단원으로 다루기에는 패턴 관련 활동의 다양성이 부족하기도 하고, 또 규칙성이 수학적 주제라기보다 수학 활동의 과정에 가깝기 때문입니다.

그럼에도 불구하고 우리 아이들은 패턴을 충분히 다루어 보아야 합니다. 문제해결 과정에 가까운 패턴을 굳이 독립 단원으로도 다루었다는 건 그만큼 그 내용이 수학적 탐구 방법으로써 중요하고 다음 단계로 나아가기 위해 꼭 필요하기 때문입니다.

기탄영역별수학—규칙성편은 이 6개 단원의 패턴 관련 활동을 분석하여 아이들이 학습하는 동안 자연스럽게 수학적 탐구 방법으로써 규칙성을 발전시켜 나갈 수 있도록 구성하였습니다.

집중적이고 체계적인 패턴 학습을 통해 문제해결력과 수학적 추론 능력을 향상시켜 상위 단계(함수 등)나 다른 영역으로 연결하는 데 어려움이 없도록 구성하였습니다.

반복 패턴 □★□□★□□★□……에서 반복되는 부분이 □★□임을 찾아내면 20번째에는 어떤 모양이 올지 추론이 가능한 것처럼 패턴 학습을 할 때 먼저 패턴의 구조를 분석하는 활동은 매우 중요합니다.

또, □가 1, 2, 3, 4……로 변할 때, △는 2, 4, 6, 8……로 변한다면 △가 □의 2배임을 추론할 수 있는 것처럼 두 양 사이의 관계를 탐색하는 활동은 나중에 함수적 사고로 연결되는 중요한 활동입니다.

패턴 학습에는 수학 내용들과 연계되는 이런 중요한 활동들이 많이 필요합니다.

기탄영역별수학—규칙성편을 통해 이런 활동들을 집중적이고 체계적으로 학습해 나가는 동안 문제해결력과 추론 능력이 길러지고 함수 같은 상위 개념의 학습으로 아이가 가진 개념 맵(map)이 자연스럽게 확장될 수 있습니다.

이 책의 구성

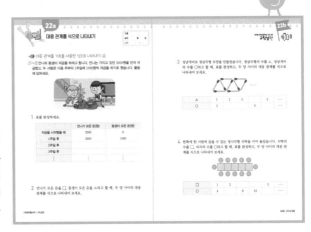

본 학습

제목을 통해 이번 차시에서 학습해야 할
내용이 무엇인지 짚어 보고, 그것을 익히기
위한 최적화된 연습문제를 반복해서
집중적으로 풀어 볼 수 있습니다.

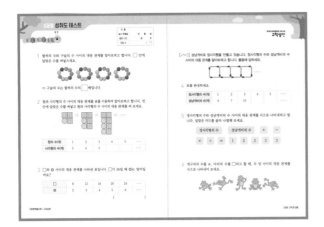

성취도 테스트

성취도 테스트는 본문에서 집중 연습한 내용을 최종적으로 한번 더 확인해 보는 문제들로 구성되어 있습니다.
성취도 테스트를 풀어 본 후, 결과표에 내가 맞은 문제인지 틀린 문제인지 체크를 해가며 각각의 문항을 통해
성취해야 할 학습목표와 학습내용을 짚어 보고, 성취된 부분과 부족한 부분이 무엇인지 확인합니다.

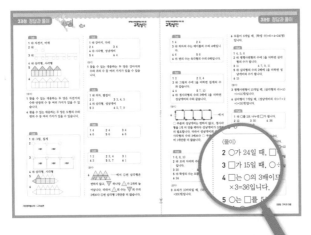

정답과 풀이

차시별 정답 확인 후 제시된 풀이를 통해
올바른 문제 풀이 방법을 확인합니다.

기탄 **영역별수학**
규칙성편

3과정
규칙과 대응

차례

두 양 사이의 관계 알아보기

이름	
날짜	월 일
시간	: ~ :

🐟 **대응하는 두 양을 그림으로 나타내기 ①**

🐚 그림을 보고 물음에 답하세요.

1 대응하는 두 양은 무엇과 무엇입니까?

예 [자전거]의 수와 [바퀴]의 수

2 자전거 한 대의 바퀴를 ○를 사용하여 그림으로 나타내어 보세요.

예 [   ]

3 자전거 4대의 바퀴를 2번의 그림을 이용하여 그림으로 나타내어 보세요.

🐚 그림을 보고 물음에 답하세요.

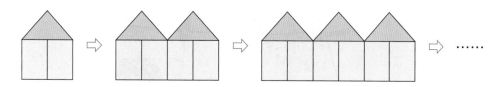

4 대응하는 두 양은 무엇과 무엇입니까?

의 수와 의 수

5 넷째에 이어질 모양을 완성해 보세요.

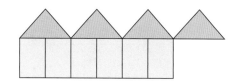

6 다섯째에 이어질 모양을 그려 보세요.

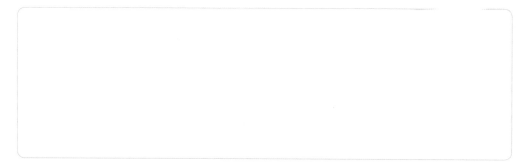

두 양 사이의 관계 알아보기

이름		
날짜	월	일
시간	: ~ :	

🐟 대응하는 두 양을 그림으로 나타내기 ②

🐚 그림을 보고 물음에 답하세요.

집게

그림

1 대응하는 두 양은 무엇과 무엇입니까?

의 수와 의 수

2 그림이 2장일 때 집게로 집는 자리를 ○를 사용하여 그림으로 나타내어 보세요.

그림1	그림2

3 그림이 3장일 때 집게로 집는 자리를 ○를 사용하여 그림으로 나타내어 보세요.

🐚 그림을 보고 물음에 답하세요.

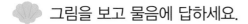

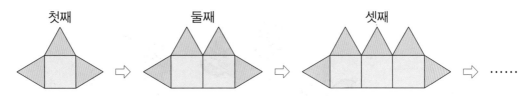

4 대응하는 두 양은 무엇과 무엇입니까?

□의 수와 □의 수

5 넷째에 이어질 모양을 완성해 보세요.

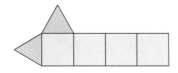

6 다섯째에 이어질 모양을 그려 보세요.

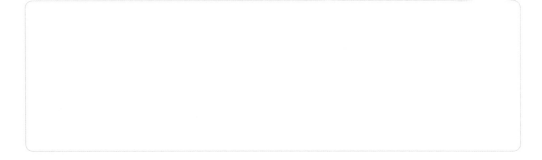

두 양 사이의 관계 알아보기

🐟 그림을 보고 서로 대응하는 두 양 찾기 ①

🐚 그림을 보고 ⬚ 안에 알맞은 수나 말을 써넣으세요.

1 그림에서 찾을 수 있는 대응하는 두 양은 ⬚의 수와 ⬚의 수입니다.

2 강아지 1마리의 다리 수는 ⬚개입니다.

3 강아지의 수가 1마리씩 늘어날 때마다 강아지 다리의 수는 ⬚개씩 늘어납니다.

영역별 반복집중학습 프로그램
규칙성편

그림을 보고 물음에 답하세요.

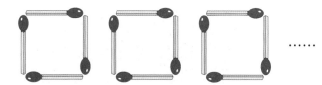

4 그림에서 찾을 수 있는 대응하는 두 양은 무엇과 무엇인가요?

의 수와 ⬚의 수

5 사각형 1개를 만드는 데 성냥개비가 몇 개 필요한가요?

( )개

6 사각형의 수가 1개씩 늘어날 때마다 성냥개비의 수는 몇 개씩 늘어날까요?

( )개

두 양 사이의 관계 알아보기

🐟 그림을 보고 서로 대응하는 두 양 찾기 ②

🐚 그림을 보고 ◻ 안에 알맞은 수나 말을 써넣으세요.

1 그림에서 찾을 수 있는 대응하는 두 양은 [   ]의 수와 [   ]의 수입니다.

2 의자가 1개일 때 팔걸이의 수는 ◻개입니다.

3 의자가 2개, 3개, 4개……로 늘어날 때 팔걸이의 수는 각각 ◻개, ◻개, ◻개……가 됩니다.

🐚 그림을 보고 물음에 답하세요.

4 대응하는 두 양은 무엇과 무엇인가요?

[   ]의 수와 [   ]의 수

5 삼각형이 1개일 때 성냥개비는 몇 개 있나요?

(   )개

6 ☐ 안에 알맞은 말을 써넣으세요.

삼각형이 2개, 3개, 4개……로 늘어날 때 성냥개비의 수는 각각
[ ]개, [ ]개, [ ]개……가 됩니다.

두 양 사이의 관계 알아보기

이름

날짜   월   일

시간   :   ~   :

🐟 **대응 관계를 이해하여 말로 표현하기 ①**

🐚 버스의 수와 바퀴의 수 사이에 어떤 대응 관계가 있는지 알아보려고 합니다.
⬜ 안에 알맞은 수를 써넣으세요.

1 버스 1대의 바퀴의 수는 ⬜ 개입니다.

2 버스의 수가 1대 늘어날 때마다 바퀴의 수는 ⬜ 개씩 늘어납니다.

3 버스의 수와 바퀴의 수 사이에는 어떤 대응 관계가 있는지 알아보세요.

바퀴의 수는 버스의 수의 ⬜ 배입니다.

🐚 무당벌레의 수와 다리의 수 사이에 어떤 대응 관계가 있는지 알아보려고 합니다. 물음에 답하세요.

4 무당벌레 1마리의 다리 수는 몇 개인가요?

(   )개

5 무당벌레의 수가 1마리 늘어날 때마다 다리의 수는 몇 개씩 늘어날까요?

(   )개

6 무당벌레의 수와 다리의 수 사이에는 어떤 대응 관계가 있는지 알아보세요.

무당벌레의 다리의 수는 무당벌레 수의 ☐ 배입니다.

두 양 사이의 관계 알아보기

이름		
날짜	월	일
시간	: ~ :	

● 대응 관계를 이해하여 말로 표현하기 ②

🐚 철봉 대의 수와 철봉 기둥의 수 사이의 대응 관계를 알아보려고 합니다. ☐ 안에 알맞은 수를 써넣으세요.

철봉 기둥 → 철봉 대

1 철봉 대가 1개일 때 철봉 기둥의 수는 ☐개입니다.

2 철봉 대가 2개, 3개일 때 철봉 기둥의 수는 각각 ☐개, ☐개입니다.

3 철봉 대의 수와 철봉 기둥의 수 사이에는 어떤 대응 관계가 있는지 알아보세요.

> 철봉 기둥의 수는 철봉 대의 수보다 ☐개 더 많습니다.

기탄영역별수학 | 규칙성편

영역별 반복집중학습 프로그램
규칙성편

🐚 ▽의 수와 △의 수 사이의 대응 관계를 알아보려고 합니다. 물음에 답하세요.

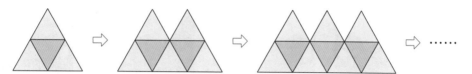

4 ▽이 1개일 때 △은 몇 개인가요?

(   )개

5 ▽이 2개, 3개일 때 △은 각각 몇 개일까요?

(   )개, (   )개

6 ▽의 수와 △의 수 사이에는 어떤 대응 관계가 있는지 알아보세요.

△의 수는 ▽의 수의 2배보다 ☐개 더 많습니다.

7a 두 양 사이의 관계 알아보기

이름	
날짜	월 일
시간	: ~ :

🐟 대응 관계를 이해하여 말로 표현하기 ③

🐚 테이블의 수와 의자의 수 사이의 대응 관계를 알아보려고 합니다. 물음에 답하세요.

1 테이블이 1개일 때 의자의 수는 몇 개인가요?

( )개

2 테이블이 1개 늘어날 때마다 의자의 수는 몇 개씩 늘어날까요?

( )개

3 테이블의 수와 의자의 수 사이의 대응 관계를 써 보세요.

_____

영역별 반복집중학습 프로그램
규칙성편

육각형의 수와 변의 수 사이의 대응 관계를 알아보려고 합니다. 물음에 답하세요.

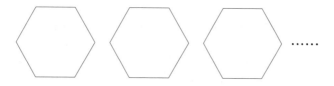

4 육각형이 1개일 때 변의 수는 몇 개인가요?

(   )개

5 육각형이 1개 늘어날 때마다 변의 수는 몇 개씩 늘어날까요?

(   )개

6 육각형의 수와 변의 수 사이의 대응 관계를 써 보세요.

_____

_____

두 양 사이의 관계 알아보기

🐟 **대응 관계를 이해하여 말로 표현하기 ④**

🐚 그림의 수와 집게의 수 사이의 대응 관계를 알아보려고 합니다. 물음에 답하세요.

1 그림을 1장 걸 때 필요한 집게의 수는 몇 개인가요?

(   )개

2 그림을 2장, 3장 걸 때 필요한 집게의 수는 각각 몇 개인가요?

(   )개, (   )개

3 그림의 수와 집게의 수 사이의 대응 관계를 써 보세요.

예 그림의 수에 1을 더하면 집게의 수와 같습니다.

영역별 반복집중학습 프로그램
규칙성편

그림을 보고 정사각형의 수와 성냥개비의 수 사이의 대응 관계를 알아보려고
합니다. 물음에 답하세요.

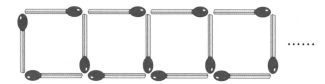

4 정사각형을 1개 만들 때 필요한 성냥개비는 몇 개인가요?

(　　　　　　　　)개

5 정사각형을 2개, 3개 만들 때 필요한 성냥개비는 각각 몇 개인가요?

(　　　　　　)개, (　　　　　　)개

6 정사각형의 수와 성냥개비의 수 사이의 대응 관계를 써 보세요.

두 양 사이의 관계 알아보기

● 대응 관계를 표를 이용하여 알아보기 ①

🐚 오리는 다리가 2개입니다. 물음에 답하세요.

1 오리의 수와 오리 다리의 수 사이의 대응 관계를 표를 이용하여 알아보려고 합니다. 빈칸에 알맞은 수를 써넣으세요.

오리의 수(마리)	1	2	3	4	5	……
다리의 수(개)	2	4				……

2 오리의 수와 오리 다리의 수 사이의 대응 관계를 써 보세요.

_____

3 오리가 10마리일 때 오리 다리의 수는 몇 개일까요?

(   )개

민형이네 반은 한 모둠이 4명입니다. 물음에 답하세요.

4 모둠 수와 학생 수 사이의 대응 관계를 표를 이용하여 알아보려고 합니다. 빈칸에 알맞은 수를 써넣으세요.

모둠 수(개)	1	2	3	4	5	……
학생 수(명)	4	8				……

5 모둠 수와 학생 수 사이의 대응 관계를 써 보세요.

_____

6 민형이네 반 모둠 수가 6개일 때 민형이네 반 학생 수는 몇 명일까요?

(   )명

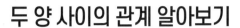

두 양 사이의 관계 알아보기

이름		
날짜	월	일
시간	: ~	:

🐟 대응 관계를 표를 이용하여 알아보기 ②

🐚 그림을 보고 물음에 답하세요.

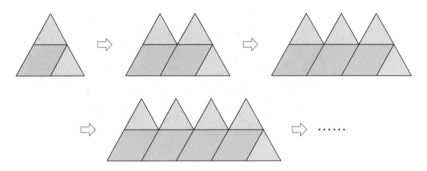

1 평행사변형의 수와 삼각형의 수 사이의 대응 관계를 표를 이용하여 알아보려고 합니다. 빈칸에 알맞은 수를 써넣으세요.

평행사변형의 수(개)	1	2	3	4	5	……
삼각형의 수(개)	2	3				……

2 평행사변형의 수와 삼각형의 수 사이의 대응 관계를 써 보세요.

_____

3 평행사변형이 10개일 때 삼각형의 수는 몇 개일까요?

(   )개

그림을 보고 물음에 답하세요.

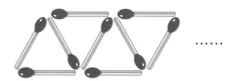

4 삼각형의 수와 성냥개비의 수 사이의 대응 관계를 표를 이용하여 알아보려고 합니다. 빈칸에 알맞은 수를 써넣으세요.

삼각형의 수(개)	1	2	3	4	5	......
성냥개비의 수(개)	3	5				......

5 삼각형의 수와 성냥개비의 수 사이의 대응 관계를 써 보세요.

_____

6 삼각형이 7개일 때 성냥개비의 수는 몇 개일까요?

(   )개

두 양 사이의 관계 알아보기

🐟 대응 관계를 표를 이용하여 알아보기 ③

🐚 ○와 □ 사이의 대응 관계를 나타낸 표입니다. 물음에 답하세요.

○	2	4	6	8	10	……
□	1	2	3	4	5	……

1 ○와 □ 사이의 대응 관계를 써 보세요.

_____   _____

2 ○가 24일 때 □는 얼마일까요?

(　　　　　　　　　)

3 □가 15일 때 ○는 얼마일까요?

(　　　　　　　　　)

영역별 반복집중학습 프로그램
규칙성편

🐚 ○와 □ 사이의 대응 관계를 나타낸 표를 보고 물음에 답하세요.

4 ○가 12일 때 □는 얼마일까요?

○	1	2	3	4	5	……
□	3	6	9	12	15	……

( )

5 □가 40일 때 ○는 얼마일까요?

○	1	2	3	4	5	……
□	5	10	15	20	25	……

( )

6 ○가 81일 때 □는 얼마일까요?

○	9	18	27	36	45	……
□	1	2	3	4	5	……

( )

12a

두 양 사이의 관계 알아보기

이름	
날짜	월 일
시간	: ~ :

대응 관계를 표를 이용하여 알아보기 ④

○와 □ 사이의 대응 관계를 나타낸 표입니다. 물음에 답하세요.

○	3	4	5	6	7	……
□	1	2	3	4	5	……

1 ○와 □ 사이의 대응 관계를 써 보세요.

2 ○가 19일 때 □는 얼마일까요?

( )

3 □가 20일 때 ○는 얼마일까요?

( )

영역별 반복집중학습 프로그램
규칙성편

○와 □ 사이의 대응 관계를 나타낸 표입니다. 물음에 답하세요.

4 ○가 10일 때 □는 얼마일까요?

○	1	2	3	4	5	……
□	5	6	7	8	9	……

( )

5 ○가 20일 때 □는 얼마일까요?

○	5	6	7	8	9	……
□	2	3	4	5	6	……

( )

6 ○가 15일 때 □는 얼마일까요?

○	1	2	3	4	5	……
□	3	5	7	9	11	……

( )

두 양 사이의 관계 알아보기

이름	
날짜	월 일
시간	: ~ :

🐟 대응 관계 알아보기 ①

[1~3] 세발자전거의 수와 바퀴의 수 사이에는 어떤 대응 관계가 있는지 알아보려고 합니다. 물음에 답하세요.

1 표를 완성하세요.

세발자전거의 수(대)	1	2	3	4	5	......
바퀴의 수(개)	3					......

2 세발자전거의 수와 바퀴의 수 사이의 대응 관계를 알아보세요.

⇨ 바퀴의 수는 세발자전거의 수의 ☐배입니다.

3 세발자전거가 10대일 때 바퀴의 수는 몇 개일까요?

(   )개

4 꽃다발의 수와 꽃의 수 사이에는 어떤 대응 관계가 있는지 알아보려고 합니다. ◯ 안에 알맞은 수를 써넣으세요.

⇨ 꽃의 수는 꽃다발의 수의 ◯ 배입니다.

⇨ 꽃다발 10개를 만들려면 꽃 ◯ 송이가 필요합니다.

5 상자의 수와 귤의 수 사이에는 어떤 대응 관계가 있는지 알아보고 ◯ 안에 알맞은 수를 써넣으세요.

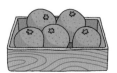  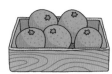 

⇨ 귤의 수는 상자의 수의 ◯ 배입니다.

⇨ 귤 60개를 담으려면 상자 ◯ 개가 필요합니다.

14a 두 양 사이의 관계 알아보기

이름	
날짜	월 일
시간	: ~ :

🐟 대응 관계 알아보기 ②

[1~3] 영우의 나이는 12살이고 누나의 나이는 15살입니다. 영우의 나이와 누나의 나이 사이에는 어떤 대응 관계가 있는지 알아보려고 합니다. 물음에 답하세요.

1 표를 완성하세요.

영우의 나이(살)	12	13	14	15	16	……
누나의 나이(살)	15					……

2 영우의 나이와 누나의 나이 사이의 대응 관계를 알아보세요.

➡ 영우의 나이는 누나의 나이보다 ☐ 살 더 적습니다.

3 영우의 나이가 20살일 때 누나의 나이는 몇 살일까요?

(   )살

영역별 반복집중학습 프로그램
규칙성편

4 노란 사각판의 수와 초록 사각판의 수 사이에는 어떤 대응 관계가 있는지 알아보려고 합니다. ☐ 안에 알맞은 수를 써넣으세요.

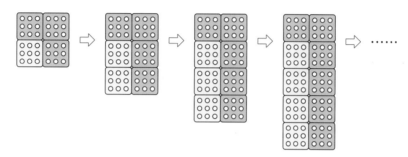

⇨ 초록 사각판의 수는 노란 사각판의 수보다 ☐ 개 더 많습니다.

⇨ 노란 사각판이 8개일 때 초록 사각판은 ☐ 개입니다.

5 마름모의 수와 삼각형의 수 사이에는 어떤 대응 관계가 있는지 알아보고 ☐ 안에 알맞은 수를 써넣으세요.

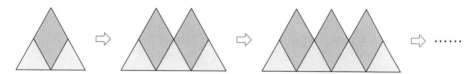

⇨ 마름모의 수는 삼각형의 수보다 ☐ 개 더 적습니다.

⇨ 마름모가 14개일 때 삼각형은 ☐ 개입니다.

15a 두 양 사이의 관계 알아보기

이름	
날짜	월 일
시간	: ~ :

🐟 대응 관계 알아보기 ③

1 바둑돌 한 개의 무게는 약 5 g입니다. 바둑돌의 수와 무게 사이에는 어떤 대응 관계가 있는지 표를 완성하고 써 보세요.

바둑돌의 수(개)	1	2	3	4	5	......
무게(g)	5					......

2 열차 칸의 수와 타고 있는 동물의 수 사이에는 어떤 대응 관계가 있는지 표를 완성하고 써 보세요.

열차 칸의 수(칸)	1	2	3	4	5	......
동물의 수(마리)	4					......

3 거문고는 6개의 현으로 이루어져 있습니다. 거문고의 수와 현의 수 사이에
   는 어떤 대응 관계가 있는지 표를 완성하고 써 보세요.

거문고의 수(대)	1	2	3	4	5	……
현의 수(개)	6					……

※ 현: 악기에 팽팽하게 당겨 맨 줄. 이 줄을 켜거나 퉁겨서 소리를 냄.

4 팔각형의 수와 변의 수 사이에는 어떤 대응 관계가 있는지 표를 완성하고
   써 보세요.

팔각형의 수(개)	1	2	3	4	5	……
변의 수(개)	8					……

16a 두 양 사이의 관계 알아보기

이름		
날짜	월	일
시간	: ~	:

🐟 대응 관계 알아보기 ④

1 그림을 보고 종이의 수와 누름 못의 수 사이에는 어떤 대응 관계가 있는지 표를 완성하고 써 보세요.

종이의 수(장)	1	2	3	4	5	……
누름 못의 수(개)	2					……

2 색 테이프를 자르고 있습니다. 색 테이프를 자른 횟수와 도막의 수 사이에는 어떤 대응 관계가 있는지 표를 완성하고 써 보세요.

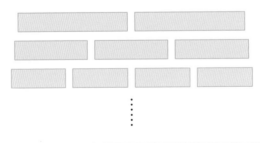

자른 횟수(회)	1	2	3	4	5	……
도막의 수(개)	2					……

3 그림과 같이 실을 자르려고 합니다. 실을 자른 횟수와 도막의 수 사이에는 어떤 대응 관계가 있는지 표를 완성하고 써 보세요.

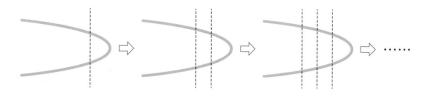

자른 횟수(회)	1	2	3	4	5	......
도막의 수(개)	3					......

4 성냥개비로 정육각형을 만들고 있습니다. 정육각형의 수와 성냥개비의 수 사이에는 어떤 대응 관계가 있는지 표를 완성하고 써 보세요.

정육각형의 수(개)	1	2	3	4	5	......
성냥개비의 수(개)	6					......

17a

대응 관계를 식으로 나타내기

🐟 대응 관계를 말로 된 식으로 나타내기 ①

🐚 자동차의 수와 바퀴의 수 사이의 대응 관계를 알아보려고 합니다. 물음에 답하세요.

1 표를 완성하세요.

자동차의 수(대)	1	2	3		5	……
바퀴의 수(개)	4	8		16		……

2 자동차의 수와 바퀴의 수 사이의 대응 관계를 식으로 나타내려고 합니다.
알맞은 카드를 골라 나열해 보세요.

자동차의 수	바퀴의 수	×	+

−	÷	=	1	2	4	8

영역별 반복집중학습 프로그램
규칙성편

오징어의 수와 다리의 수 사이의 대응 관계를 알아보려고 합니다. 물음에 답하세요.

3 표를 완성하세요.

오징어의 수(마리)	1		3		5	......
다리의 수(개)	10	20		40		......

4 오징어의 수와 다리의 수 사이의 대응 관계를 식으로 나타내려고 합니다. 알맞은 카드를 골라 나열해 보세요.

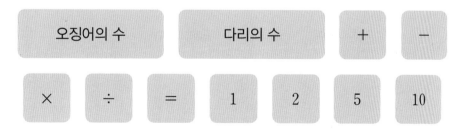

대응 관계를 식으로 나타내기

이름		
날짜	월	일
시간	: ~ :	

 대응 관계를 말로 된 식으로 나타내기 ②

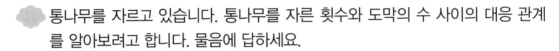 통나무를 자르고 있습니다. 통나무를 자른 횟수와 도막의 수 사이의 대응 관계를 알아보려고 합니다. 물음에 답하세요.

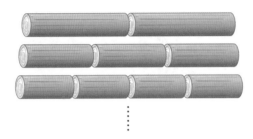

1 표를 완성하세요.

자른 횟수(회)	1	2	3	4	5	......
도막의 수(개)	2	3				......

2 통나무를 자른 횟수와 도막의 수 사이의 대응 관계를 식으로 나타내려고 합니다. 알맞은 카드를 골라 나열해 보세요.

영역별 반복집중학습 프로그램
규칙성편

원과 사각형으로 규칙적인 배열을 만들고 있습니다. 원의 수와 사각형의 수 사이의 대응 관계를 알아보려고 합니다. 물음에 답하세요.

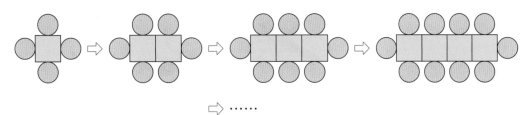

⇨ ……

3 표를 완성하세요.

사각형의 수(개)	1	2		4	5	……
원의 수(개)	4	6	8			……

4 원의 수와 사각형의 수 사이의 대응 관계를 식으로 나타내려고 합니다. 알맞은 카드를 골라 나열해 보세요.

원의 수	사각형의 수	+	−

×	÷	=	1	2	2	3	3

대응 관계를 식으로 나타내기

🐟 대응 관계를 기호를 사용한 식으로 나타내기 ①

🐚 베짱이의 수와 다리의 수 사이의 대응 관계를 알아보려고 합니다. 물음에 답하세요.

1 표를 완성하세요.

베짱이의 수(마리)	1	2	3		5	……
다리의 수(개)	6	12		24		……

2 베짱이의 수와 다리의 수 사이의 대응 관계를 말로 된 식으로 나타내어 보세요.

예 (베짱이의 수)=(다리의 수)÷6

3 베짱이의 수를 □, 다리의 수를 ☆이라고 할 때, 두 양 사이의 대응 관계를 식으로 나타내어 보세요.

바람개비의 수와 날개의 수 사이의 대응 관계를 알아보려고 합니다. 물음에 답하세요.

4 표를 완성하세요.

바람개비의 수(개)	1	2		4		......
날개의 수(개)	4		12		20	......

5 바람개비의 수와 날개의 수 사이의 대응 관계를 말로 된 식으로 나타내어 보세요.

_____

6 바람개비의 수를 ☆, 날개의 수를 △라고 할 때, 두 양 사이의 대응 관계를 식으로 나타내어 보세요.

_____

20a

대응 관계를 식으로 나타내기

이름	
날짜	월 일
시간	: ~ :

🐟 **대응 관계를 기호를 사용한 식으로 나타내기 ②**

🐚 3월 17일 파리의 시각과 서울의 시각 사이의 대응 관계를 알아보려고 합니다.
물음에 답하세요.

1 표를 완성하세요.

파리의 시각	오전 6시	오전 7시	오전 8시	오전 9시	오전 10시
서울의 시각	오후 1시	오후 2시	오후 3시		

2 파리와 서울의 시각 사이의 대응 관계를 말로 된 식으로 나타내어 보세요.

_____

3 파리의 시각을 △, 서울의 시각을 ○라고 할 때, 두 양 사이의 대응 관계를
식으로 나타내어 보세요.

_____

그림과 같이 그림을 겹쳐서 누름 못으로 게시판에 붙이려고 합니다. 물음에 답하세요.

4 표를 완성하세요.

그림의 수(장)	1	2	3		5	......
누름 못의 수(개)	4			10		......

5 그림의 수와 누름 못의 수 사이의 대응 관계를 말로 된 식으로 나타내어 보세요.

_____

6 그림의 수를 □, 누름 못의 수를 ○라고 할 때, 두 양 사이의 대응 관계를 식으로 나타내어 보세요.

_____

21a

대응 관계를 식으로 나타내기

이름			
날짜		월	일
시간	:	~	:

🐟 대응 관계를 기호를 사용한 식으로 나타내기 ③

1 한 접시에 식빵이 2개씩 놓여 있습니다. 접시의 수를 ○, 식빵의 수를 □ 라고 할 때, 표를 완성하고, 두 양 사이의 대응 관계를 식으로 나타내어 보세요.

○	1	2			5	……
□	2		6	8		……

2 문어의 다리는 8개입니다. 문어의 수를 □, 다리의 수를 ○라고 할 때, 표를 완성하고, 두 양 사이의 대응 관계를 식으로 나타내어 보세요.

□	1		3	4		……
○	8	16			40	……

기탄영역별수학 | 규칙성편

3 한 봉지에 젤리가 10개씩 들어 있습니다. 봉지의 수를 □, 젤리의 수를 ○ 라고 할 때, 표를 완성하고, 두 양 사이의 대응 관계를 식으로 나타내어 보세요.

□	1	2	3		5	……
○	10			40		……

4 연필꽂이에 연필이 3자루씩 들어 있습니다. 연필꽂이의 수를 □, 연필의 수를 △라고 할 때, 표를 완성하고, 두 양 사이의 대응 관계를 식으로 나타 내어 보세요.

□	1	2			5	……
△	3		9	12		……

대응 관계를 식으로 나타내기

🐟 대응 관계를 기호를 사용한 식으로 나타내기 ④

[1~2] 언니와 동생이 저금을 하려고 합니다. 언니는 가지고 있던 2000원을 먼저 저금했고, 두 사람은 다음 주부터 1주일에 1000원씩 저금을 하기로 했습니다. 물음에 답하세요.

1 표를 완성하세요.

	언니가 모은 돈(원)	동생이 모은 돈(원)
저금을 시작했을 때	2000	0
1주일 후	3000	1000
2주일 후		
3주일 후		
⋮	⋮	⋮

2 언니가 모은 돈을 □, 동생이 모은 돈을 △라고 할 때, 두 양 사이의 대응 관계를 식으로 나타내어 보세요.

3 성냥개비로 정삼각형 모양을 만들었습니다. 정삼각형의 수를 △, 성냥개비의 수를 ○라고 할 때, 표를 완성하고, 두 양 사이의 대응 관계를 식으로 나타내어 보세요.

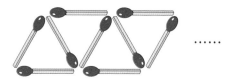

△	1	2	3		5	......
○	3			9		......

4 한쪽에 한 사람씩 앉을 수 있는 정사각형 식탁을 이어 놓았습니다. 식탁의 수를 □, 의자의 수를 ○라고 할 때, 표를 완성하고, 두 양 사이의 대응 관계를 식으로 나타내어 보세요.

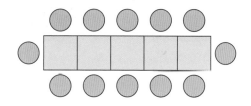

□	1	2			5	......
○	4		8	10		......

23a 대응 관계를 식으로 나타내기

이름		
날짜	월	일
시간	: ~ :	

🐟 **대응 관계를 나타낸 식의 의미 알기 ①**

🐚 달팽이 🐌 는 1분에 2 cm씩 이동합니다. 달팽이가 움직인 시간을 △(분), 움직인 거리를 □(cm)라고 할 때, 물음에 답하세요.

1 두 양 사이의 대응 관계를 식으로 나타내어 보세요.

_____

2 대응 관계를 나타낸 식에 대한 친구들의 생각입니다. 친구들의 생각이 옳은지 틀린지 판단하고, 그 이유를 말해 보세요.

연수　　　　　　　　　　　　슬기　　　　지혜

연수	(옳음 , (틀림))	예 □의 값은 항상 △의 값에 따라 변하기 때문입니다.
슬기	(옳음 , 틀림)	
지혜	(옳음 , 틀림)	

기탄영역별수학 | 규칙성편

🐚 한 상자에 비누가 3개씩  담겨 있습니다. 상자 수를 □(개), 비누의 수를 ○(개)라고 할 때, 물음에 답하세요.

3 두 양 사이의 대응 관계를 식으로 나타내어 보세요.

_____

4 대응 관계를 나타낸 식에 대한 친구들의 생각입니다. 친구들의 생각이 옳은지 틀린지 판단하고, 그 이유를 말해 보세요.

연수: 상자 수에 따라서 비누의 수는 항상 일정하게 변해.

슬기: 대응 관계를 알면 상자 수가 많을 때도 비누의 수를 쉽게 알 수 있어.

지혜: 대응 관계를 □÷3=○라고 나타낼 수도 있어.

연수	(옳음 , 틀림)	
슬기	(옳음 , 틀림)	
지혜	(옳음 , 틀림)	

대응 관계를 식으로 나타내기

이름		
날짜	월	일
시간	: ~ :	

🐟 대응 관계를 나타낸 식의 의미 알기 ②

🐚 그림과 같이 서로 다른 색의 줄을 묶어 매듭을 만들고 있습니다. 줄의 수를 ☆
(개), 매듭의 수를 ○(개)라고 할 때, 물음에 답하세요.

1 두 양 사이의 대응 관계를 식으로 나타내어 보세요.

_____

2 대응 관계를 나타낸 식에 대한 친구들의 생각입니다. 잘못 이야기한 친구
의 이름을 쓰고, 바르게 고쳐 보세요.

줄의 수가 10개이면 매듭의 수는 9개야.

줄의 수 ☆과 매듭의 수 ○는 분수나 소수도 될 수 있어.

줄의 수에 따라서 매듭의 수는 항상 일정하게 변해.

민준   시윤   영하

잘못 이야기한 친구	바르게 고치기

그림과 같이 도로의 한 쪽에 처음부터 끝까지 1 m 간격으로 깃발을 꽂으려고 합니다. 도로의 길이를 □(m), 깃발의 수를 ○(개)라고 할 때, 물음에 답하세요.

1 m

3 두 양 사이의 대응 관계를 식으로 나타내어 보세요.

_____

4 대응 관계를 나타낸 식에 대한 친구들의 생각입니다. 잘못 이야기한 친구의 이름을 쓰고, 바르게 고쳐 보세요.

도로의 길이가 1 m 늘어날 때마다 깃발 수도 1개씩 더 필요해.

도로의 처음부터 끝까지 꽂은 깃발 수가 15개이면 도로의 길이는 15 m야.

두 양 사이의 관계를 □+1=○ 또는 □=○−1로 나타낼 수 있어.

민준   시윤   영하

잘못 이야기한 친구	바르게 고치기

대응 관계를 식으로 나타내기

이름	
날짜	월 일
시간	: ~ :

🐟 대응 관계를 나타낸 식을 보고 표 완성하기 ①

🐚 대응 관계를 나타낸 식을 보고 표를 완성하세요.

1   $\square \times 4 = \triangle$

□	1	2	3	4	5	......
△						......

2   $\bigcirc = \square \div 2$

○	1	2	3			......
□				8	16	......

3   $\stackrel{\star}{} = \bigcirc \times 5$

☆	5		20		40	......
○		3		5		......

영역별 반복집중학습 프로그램
규칙성편

4 $\triangle \times 3 = \square$

$\triangle$	2			5	8	......
$\square$		9	12			......

5 $\bigstar = \triangle \div 4$

$\bigstar$	1	2		6		......
$\triangle$			16		28	......

6 $\bigcirc = \triangle \times 6$

$\bigcirc$	12			30		......
$\triangle$		3	4		6	......

대응 관계를 식으로 나타내기

이름		
날짜	월	일
시간	: ~	:

🐟 대응 관계를 나타낸 식을 보고 표 완성하기 ②

🐚 대응 관계를 나타낸 식을 보고 표를 완성하세요.

1 □+1=△

□	1	2			9	......
△			4	8		......

2 □=○−2

□	1		4	6		......
○		5			12	......

3 ☆=1+△

☆	4			10	15	......
△		5	7			......

영역별 반복집중학습 프로그램
규칙성편

4 ○=△−3

○	1	2			11	......
△			7	10		......

5 □−1=○

□	3	5		7	10	......
○			5			......

6 ○=3+△

○		5		9		......
△	1		4		12	......

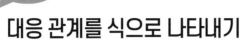

대응 관계를 식으로 나타내기

이름	
날짜	월 일
시간	: ~ :

🐟 대응 관계에 알맞은 상황 알아보기 ①

🐚 대응 관계를 나타낸 식을 보고, 주어진 그림을 이용하여 식에 알맞은 상황을 써 보세요.

1　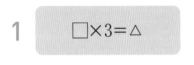　$\square \times 3 = \triangle$

예 세발자전거의 바퀴 수(△)는 세발자전거의 수(□)의 3배입니다.

_____

_____

2　$\bigcirc = \square \div 5$　

_____

_____

🐚 대응 관계를 나타낸 식을 보고, 식에 알맞은 상황을 써 보세요.

3 ○×4=□

_____

_____

4 ☆=△÷6

_____

_____

5 ○=△×10

_____

_____

대응 관계를 식으로 나타내기

이름

날짜   월   일

시간   :   ~   :

🐟 대응 관계에 알맞은 상황 알아보기 ②

🐚 대응 관계를 나타낸 식을 보고, 주어진 그림을 이용하여 식에 알맞은 상황을 써 보세요.

1   □+2=△

예 내 나이(□)에 2살을 더하면 형의 나이(△)입니다.

2   □-7=○

마드리드 시각
오전 10시

서울 시각
오후 5시

영역별 반복집중학습 프로그램
규칙성편

대응 관계를 나타낸 식을 보고, 식에 알맞은 상황을 써 보세요.

3 $\bigcirc = 10 - \triangle$

_____

_____

4 $\square = \bigcirc - 1$

_____

_____

5 $\bigcirc = 5 + \triangle$

_____

_____

생활 속에서 대응 관계를 찾아 식으로 나타내기

이름

날짜   월   일

시간   :   ~   :

🐟 생활 속에서 대응 관계를 찾아 식으로 나타내기 ①

🐚 주변에서 대응 관계를 찾아 식으로 나타내어 보세요.

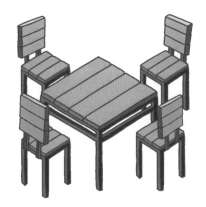

한 테이블에
의자 4개

요구르트
1개에
설탕 11 g

한 꾸러미에
달걀 10개

김밥 한 줄에
270 킬로칼로리

1 서로 대응하는 두 양을 찾아 대응 관계를 말로 된 식으로 나타내어 보세요.

서로 대응하는 두 양		대응 관계
예 김밥의 수	열량	(김밥의 수)×270＝(열량)

주변에서 대응 관계를 찾아 식으로 나타내어 보세요.

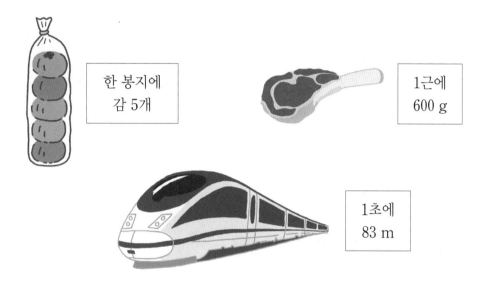

한 봉지에
감 5개

1근에
600 g

1초에
83 m

2 서로 대응하는 두 양을 찾아 대응 관계를 식으로 나타내어 보세요.

서로 대응하는 두 양				대응 관계
예 봉지의 수	기호 □	감의 수	기호 ○	□×5=○
	기호		기호	
	기호		기호	

생활 속에서 대응 관계를 찾아 식으로 나타내기

이름	
날짜	월 일
시간	: ~ :

🐟 생활 속에서 대응 관계를 찾아 식으로 나타내기 ②

🐚 주변에서 대응 관계를 찾아 식으로 나타내어 보세요.

오빠와 나는 3살 차이

의자의 수와
팔걸이의 수

철봉 기둥과
철봉 대

로마와 서울의
시차

1 서로 대응하는 두 양을 찾아 대응 관계를 말로 된 식으로 나타내어 보세요.

서로 대응하는 두 양		대응 관계

🐚 주변에서 대응 관계를 찾아 식으로 나타내어 보세요.

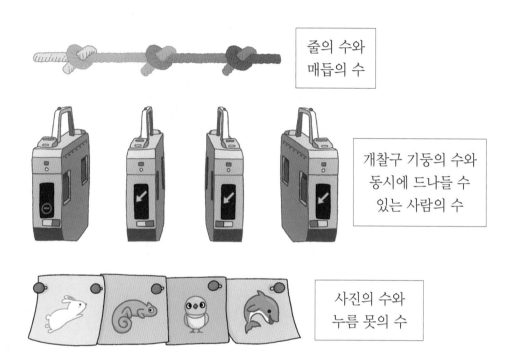

줄의 수와
매듭의 수

개찰구 기둥의 수와
동시에 드나들 수
있는 사람의 수

사진의 수와
누름 못의 수

2 서로 대응하는 두 양을 찾아 대응 관계를 식으로 나타내어 보세요.

서로 대응하는 두 양			대응 관계
	기호		기호	
	기호		기호	
	기호		기호	

생활 속에서 대응 관계를 찾아 식으로 나타내기

이름		
날짜	월	일
시간	: ~ :	

🐟 **생활 속에서 대응 관계를 나타낸 표를 보고, 식으로 나타내기 ①**

🐚 주차장에 주차된 자동차를 보고, 물음에 답하세요.

1 주차장에 주차된 자동차의 수와 자동차 바퀴의 수 사이의 대응 관계를 표로 나타내어 보세요.

자동차의 수(대)	1	2		4		......
바퀴의 수(개)	4		12		20	......

2 자동차의 수를 □, 바퀴의 수를 △라고 할 때, 두 양 사이의 대응 관계를 식으로 나타내어 보세요.

_____

3 자동차의 수가 20대일 때 바퀴의 수는 몇 개일까요?

(   )개

🐚 만화 영화를 1초 동안 상영하려면 그림이 25장 필요합니다. 물음에 답하세요.

4 만화 영화를 상영하는 시간과 필요한 그림의 수 사이의 대응 관계를 표로 나타내어 보세요.

상영 시간(초)	1	2	3		5	⋯⋯
그림의 수(장)	25			100		⋯⋯

5 만화 영화를 상영하는 시간을 ☆, 필요한 그림의 수를 □라고 할 때, 두 양 사이의 대응 관계를 식으로 나타내어 보세요.

6 그림의 수가 600장일 때 만화 영화는 몇 초 상영될까요?

( )초

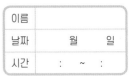

생활 속에서 대응 관계를 찾아 식으로 나타내기

이름	
날짜	월 일
시간	: ~ :

생활 속에서 대응 관계를 나타낸 표를 보고, 식으로 나타내기 ②

출입 금지 구역에 설치된 차단봉과 차단벨트를 보고, 물음에 답하세요.

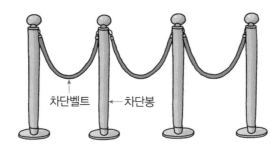

차단벨트   ←차단봉

1   출입금지 구역에 설치된 차단봉과 차단벨트의 수 사이의 대응 관계를 표로 나타내어 보세요.

차단봉의 수(개)	2	3	4		6	……
차단벨트의 수(개)	1	2		4		……

2   차단봉의 수를 □, 차단벨트의 수를 ◎라고 할 때, 두 양 사이의 대응 관계를 식으로 나타내어 보세요.

_____

3   차단봉이 15개일 때 필요한 차단벨트의 수는 몇 개일까요?

(   )개

그림과 같이 실을 가위로 잘랐습니다. 물음에 답하세요.

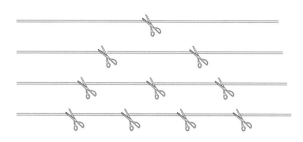

4 실을 자른 횟수와 실의 도막의 수 사이의 대응 관계를 표로 나타내어 보세요.

자른 횟수(번)	1	2	3	4		......
도막의 수(개)	2				6	......

5 실을 자른 횟수를 ○, 실의 도막의 수를 ☆이라고 할 때, 두 양 사이의 대응 관계를 식으로 나타내어 보세요.

_____

6 실의 도막의 수가 30개일 때 자른 횟수는 몇 번일까요?

(   )번

생활 속에서 대응 관계를 찾아 식으로 나타내기

🐟 생활 속에서 대응 관계를 찾아 식으로 나타내기 ①

1 우유 한 갑에 들어 있는 영양 성분을 보니 지방이 8 g입니다. 우유의 수를
  □(갑), 지방의 양을 △(g)이라고 할 때, 두 양 사이의 대응 관계를 식으로
  나타내고, 우유 4갑에 들어 있는 지방의 양은 몇 g인지 써 보세요.

지방 8 g

_____

(   ) g

2 승연이는 매일 운동을 20분씩 합니다. 승연이가 운동한 날수를 ○(일), 운
  동한 시간을 △(분)이라고 할 때, 두 양 사이의 대응 관계를 식으로 나타내
  고, 승연이가 5일 동안 운동한 시간은 몇 분인지 써 보세요.

_____

(   )분

영역별 반복집중학습 프로그램
규칙성편

3 어느 날 중국 환율을 조사하여 표로 나타내었더니 다음과 같았습니다. 중국 돈을 ○(위안), 우리나라 돈을 ◎(원)이라고 할 때, 두 양 사이의 대응 관계를 식으로 나타내고, 12위안은 우리나라 돈으로 얼마인지 써 보세요.

대한민국(원)	200	400	600	800	1000	……
중국(위안)	1	2	3	4	5	……

(   )원

4 줄넘기를 1분 동안 하면 9킬로칼로리의 열량이 소모된다고 합니다. 줄넘기를 한 시간을 □(분), 소모된 열량을 △(킬로칼로리)라고 할 때, 두 양 사이의 대응 관계를 식으로 나타내고, 열량 108킬로칼로리를 소모하려면 줄넘기는 몇 분 동안 해야 하는지 써 보세요.

(   )분

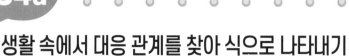
🐟 생활 속에서 대응 관계를 찾아 식으로 나타내기 ②

1 귤 12개를 동생과 나누어 먹으려고 합니다. 내가 먹은 귤의 수를 ◎(개), 동생이 먹은 귤의 수를 ○(개)라고 할 때, 두 양 사이의 대응 관계를 식으로 나타내고, 내가 5개를 먹으면 동생은 몇 개를 먹게 되는지 써 보세요.

(   )개

2 어느 날 서울의 시각과 뮌헨의 시각 사이의 대응 관계를 나타낸 표입니다. 서울의 시각을 ☆, 뮌헨의 시각을 ○라고 할 때, 두 양 사이의 대응 관계를 식으로 나타내고, 뮌헨이 오후 1시일 때 서울의 시각을 써 보세요.

| 서울의 시각 | 오후 1시 | 오후 2시 | 오후 3시 | 오후 4시 | 오후 5시 |
| 뮌헨의 시각 | 오전 6시 | 오전 7시 | 오전 8시 | 오전 9시 | 오전 10시 |

(   )시

영역별 반복집중학습 프로그램
규칙성편

3 철봉 매달리기를 하고 있습니다. 철봉 대의 수를 □(개), 철봉 기둥의 수를 ○(개)라고 할 때, 두 양 사이의 대응 관계를 식으로 나타내고, 철봉 대의 수가 8개일 때 철봉 기둥의 수를 써 보세요.

철봉 기둥 →   철봉 대

(   )개

4 연도와 송아의 나이 사이의 대응 관계를 나타낸 표입니다. 연도를 ○, 송아의 나이를 △라고 할 때, 두 양 사이의 대응 관계를 식으로 나타내고, 송아가 20살일 때는 몇 년도인지 써 보세요.

연도(년)	2021	2022	2023	2024	……
송아의 나이(살)	10	11	12	13	……

(   )년

생활 속에서 대응 관계를 찾아 식으로 나타내기

🐟 상대방이 생각하는 규칙 맞히기 ①

🐚 성윤이와 현우가 대응 관계 알아맞히기 놀이를 하고 있습니다. 물음에 답하세요.

3이면? 성윤   9. 현우

1이면? 성윤   3. 현우

6이면? 성윤   18. 현우

1 현우가 만든 대응 관계를 표로 나타내었습니다. 빈칸에 알맞은 수를 써 보세요.

성윤이가 말한 수	3	1	6	9	‥‥‥
현우가 답한 수	9	3	18		‥‥‥

2 성윤이가 말한 수를 □, 현우가 답한 수를 ○라고 할 때, 두 양 사이의 대응 관계를 식으로 나타내어 보세요.

🐚 태영이가 4를 말하면 민성이는 20, 태영이가 9를 말하면 민성이는 45, 태영이가 6을 말하면 민성이는 30이라고 답할 때, 물음에 답하세요.

4이면?

20.

태영   민성

3 두 사람이 만든 대응 관계를 표로 나타내어 보세요.

태영이가 말한 수	4	9	6	......
민성이가 답한 수				......

4 태영이가 10이라고 말하면 민성이는 얼마라고 답할까요?

(   )

5 태영이가 말한 수를 △, 민성이가 답한 수를 ◎라고 할 때, 두 양 사이의 대응 관계를 식으로 나타내어 보세요.

생활 속에서 대응 관계를 찾아 식으로 나타내기

이름

날짜   월   일

시간   :   ~   :

🐟 상대방이 생각하는 규칙 맞히기 ②

🐚 성윤이와 현우가 대응 관계 알아맞히기 놀이를 하고 있습니다. 물음에 답하세요.

1 현우가 만든 대응 관계를 표로 나타내었습니다. 빈칸에 알맞은 수를 써 보세요.

성윤이가 말한 수	7	19	10	15	......
현우가 답한 수	8	20	11		......

2 성윤이가 말한 수를 □, 현우가 답한 수를 ○라고 할 때, 두 양 사이의 대응 관계를 식으로 나타내어 보세요.

영역별 반복집중학습 프로그램
규칙성편

🐚 태영이가 4를 말하면 민성이는 10, 태영이가 9를 말하면 민성이는 15, 태영이가 11을 말하면 민성이는 17이라고 답할 때, 물음에 답하세요.

4이면?

10.

태영   민성

3 두 사람이 만든 대응 관계를 표로 나타내어 보세요.

태영이가 말한 수				……
민성이가 답한 수				……

4 태영이가 30이라고 말하면 민성이는 얼마라고 답할까요?

(   )

5 태영이가 말한 수를 △, 민성이가 답한 수를 ◎라고 할 때, 두 양 사이의 대응 관계를 식으로 나타내어 보세요.

생활 속에서 대응 관계를 찾아 식으로 나타내기

이름		
날짜	월	일
시간	: ~ :	

🐟 상대방이 생각하는 규칙 맞히기 ③

🐚 강민이와 유진이가 대응 관계 알아맞히기 놀이를 하고 있습니다. 강민이가 말한 수를 □, 유진이가 답한 수를 ☆이라고 할 때, 두 양 사이의 대응 관계를 식으로 나타내어 보세요.

1

2

영역별 반복집중학습 프로그램
규칙성편

🐚 선후가 말한 수와 시영이가 답한 수를 표로 나타내었습니다. 선후가 말한 수를 □, 시영이가 답한 수를 △라고 할 때, 두 양 사이의 대응 관계를 식으로 나타내고, 빈칸에 알맞은 수를 써 보세요.

3

선후가 말한 수	3	6	12	9	……
시영이가 답한 수	18	36	72		……

4

선후가 말한 수	10	4	18	26	……
시영이가 답한 수	5	2	9		……

5

선후가 말한 수	20	12	56	32	……
시영이가 답한 수	5	3	14		……

생활 속에서 대응 관계를 찾아 식으로 나타내기

이름

날짜   월   일

시간   :   ~   :

🐟 상대방이 생각하는 규칙 맞히기 ④

🐚 강민이와 유진이가 대응 관계 알아맞히기 놀이를 하고 있습니다. 강민이가 말한 수를 □, 유진이가 답한 수를 ☆이라고 할 때, 두 양 사이의 대응 관계를 식으로 나타내어 보세요.

1

2

선후가 말한 수와 시영이가 답한 수를 표로 나타내었습니다. 선후가 말한 수를 □, 시영이가 답한 수를 △라고 할 때, 두 양 사이의 대응 관계를 식으로 나타내고, 빈칸에 알맞은 수를 써 보세요.

3

선후가 말한 수	5	1	16	10	……
시영이가 답한 수	11	7	22		……

4

선후가 말한 수	1	2	3	5	……
시영이가 답한 수	3	5	7		……

5

선후가 말한 수	10	5	9	25	……
시영이가 답한 수	8	3	7		……

생활 속에서 대응 관계를 찾아 식으로 나타내기

이름	
날짜	월 일
시간	: ~ :

🐟 대응 관계를 나타낸 식을 보고 상황 만들기 ①

🐚 대응 관계를 나타낸 식을 보고, 식에 알맞은 상황을 완성해 보세요.

1 □×2=△

> 바자회에 참석하는 사람마다 기념으로 떡 2덩이씩 나누어 주려고 합니다. 필요한 떡의 수(△)는 _____

2 ○=□÷3

> 세발자전거를 조립하려고 합니다. 조립할 수 있는 세발자전거의 수(○)는 준비된 바퀴의 수(□)를 _____

3 ☆=○×7

> ○주일 동안 매일 운동을 했습니다. 1주일은 7일이므로 운동한 날수(☆)는 _____

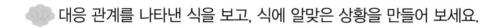 대응 관계를 나타낸 식을 보고, 식에 알맞은 상황을 만들어 보세요.

4 $\triangle \times 5 = \square$

_____

_____

5 $\star = \triangle \div 8$

_____

_____

6 $\bigcirc = \triangle \times 4$

_____

_____

40a 생활 속에서 대응 관계를 찾아 식으로 나타내기

🐟 대응 관계를 나타낸 식을 보고 상황 만들기 ②

🐚 대응 관계를 나타낸 식을 보고, 식에 알맞은 상황을 완성해 보세요.

1 $\square + 6 = \triangle$

서울 시각(△)은 예루살렘 시각(□)보다 _____

2 $\square = 8 - \bigcirc$

빵 8개를 동생과 나누어 먹으려고 합니다. 동생에게 ○개를 주면 내가

먹을 수 있는 빵의 수(□)는 _____

3 $\star = 2 + \triangle$

몇 개를 사든 2개를 더 주시는 붕어빵집이 있습니다. 내가 △개를 사면

받는 붕어빵의 수(☆)는 _____

🐚 대응 관계를 나타낸 식을 보고, 식에 알맞은 상황을 만들어 보세요.

4    $\bigcirc = \triangle - 5$

_____

_____

5    $\square - 3 = \bigcirc$

_____

_____

6    $\bigcirc = 1 + \triangle$

_____

_____

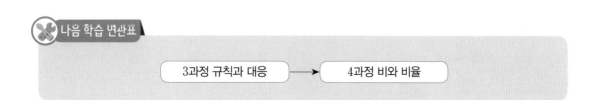

🛠 나음 학습 연관표

3과정 규칙과 대응 ⟶ 4과정 비와 비율

이 름			
실시 연월일	년	월	일
걸린 시간		분	초
오답 수			/ 11

1 팔찌의 수와 구슬의 수 사이의 대응 관계를 알아보려고 합니다. ☐ 안에 알맞은 수를 써넣으세요.

⇨ 구슬의 수는 팔찌의 수의 ☐배입니다.

2 원과 사각형의 수 사이의 대응 관계를 표를 이용하여 알아보려고 합니다. 빈 칸에 알맞은 수를 써넣고 원과 사각형의 수 사이의 대응 관계를 써 보세요.

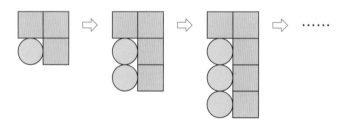

원의 수(개)	1	2	3	4	5	……
사각형의 수(개)	3	4	5			……

3 ☐와 ◎ 사이의 대응 관계를 나타낸 표입니다. ☐가 36일 때 ◎는 얼마일까요?

☐	8	12	16	20	24	……
◎	2	3	4	5	6	……

( )

[4~5] 성냥개비로 정사각형을 만들고 있습니다. 정사각형의 수와 성냥개비의 수 사이의 대응 관계를 알아보려고 합니다. 물음에 답하세요.

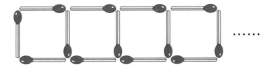

4 표를 완성하세요.

정사각형의 수(개)	1	2	3	4	5	……
성냥개비의 수(개)	4	7	10			……

5 정사각형의 수와 성냥개비의 수 사이의 대응 관계를 식으로 나타내려고 합니다. 알맞은 카드를 골라 나열해 보세요.

6 개구리의 수를 ☆, 다리의 수를 □라고 할 때, 두 양 사이의 대응 관계를 식으로 나타내어 보세요.

[7~8] 어느 날 뉴질랜드 웰링턴의 시각이 오전 10시일 때, 대한민국 서울의 시각이 오전 7시였습니다. 웰링턴의 시각을 □(시), 서울의 시각을 ☆(시)라고 할 때, 물음에 답하세요.

오전 10시

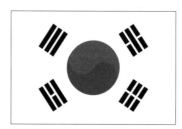

오전 7시

7 두 양 사이의 대응 관계를 식으로 나타내어 보세요.

8 대응 관계를 나타낸 식에 대한 친구들의 생각입니다. 잘못 이야기한 친구의 이름을 쓰고, 바르게 고쳐 보세요.

아리: □와 ☆을 ◎와 △로 바꾸어 나타낼 수도 있어.

홍빈: 위 대응 관계를 ○+3=△로 나타내면 ○는 서울의 시각, △는 웰링턴의 시각을 나타내.

시현: 웰링턴이 오후 2시일 때 서울은 오후 5시야.

잘못 이야기한 친구	바르게 고치기

[9~10] 지수와 영은이가 대응 관계 알아맞히기 놀이를 하고 있습니다. 지수가 말한 수를 ☆, 영은이가 답한 수를 ♡라고 할 때, 물음에 답하세요.

9 두 양 사이의 대응 관계를 식으로 나타내어 보세요.

_____

10 영은이가 54라고 답했다면 지수가 말한 수는 얼마일까요?

(   )

11 대응 관계를 나타낸 식을 보고, 식에 알맞은 상황을 만들어 보세요.

$$◎ = 4 + △$$

_____

_____

성취도 테스트 결과표

3과정 규칙과 대응

번호	평가 요소	평가 내용	결과(O, X)	관련 내용
1	두 양 사이의 관계 알아보기	두 양 사이의 대응 관계를 이해하여 말로 표현할 수 있는지 확인해 보는 문제입니다.		5a
2		그림을 보고 두 도형의 수 사이의 대응 관계를 이해하여 표로 나타내고 말로 표현해 보는 문제입니다.		10a
3		표를 이용하여 □와 ◎ 사이의 대응 관계를 알아보고 주어진 수에 대응하는 수를 구하는 문제입니다.		11a
4	대응 관계를 식으로 나타내기	주어진 상황을 보고 표를 완성해 보는 문제입니다.		17a
5		표를 보고 대응 관계를 생각하여 주어진 카드로 식을 완성해 보는 문제입니다.		17a
6		개구리의 수와 다리의 수 사이의 대응 관계를 기호를 사용하여 식으로 나타내어 보는 문제입니다.		19a
7		웰링턴과 서울의 시각 사이의 대응 관계를 기호를 사용하여 식으로 나타내어 보는 문제입니다.		24a
8		대응 관계를 나타낸 식을 보고 변하는 두 양 사이의 관계를 잘 이해하고 있는지 확인해 보는 문제입니다.		24a
9	생활 속에서 대응 관계를 찾아 식으로 나타내기	지수가 말하고 영은이가 답하는 수를 보고 규칙을 찾아 대응 관계를 식으로 나타내어 보는 문제입니다.		35a
10		대응 관계를 이용하여 영은이가 답한 수에 대응하는 수를 구하는 문제입니다.		35b
11		주어진 대응 관계를 나타낸 식을 보고, 식에 알맞은 상황을 만들어 보는 문제입니다.		40a

평가 기준

평가	□ A등급(매우 잘함)	□ B등급(잘함)	□ C등급(보통)	□ D등급(부족함)
오답 수	0~1	2	3	4~

• A, B등급 : 다음 교재를 시작하세요.
• C등급 : 틀린 부분을 다시 한번 더 공부한 후, 다음 교재를 시작하세요.
• D등급 : 본 교재를 다시 구입하여 복습한 후, 다음 교재를 시작하세요.

기탄 영역별수학
규칙성편

정답과 풀이

3과정 규칙과 대응

기초부터 탄탄하게 기탄교육

자르는 선

※ 정답과 풀이는 따로 보관하고 있다가 채점할 때 사용해 주세요.

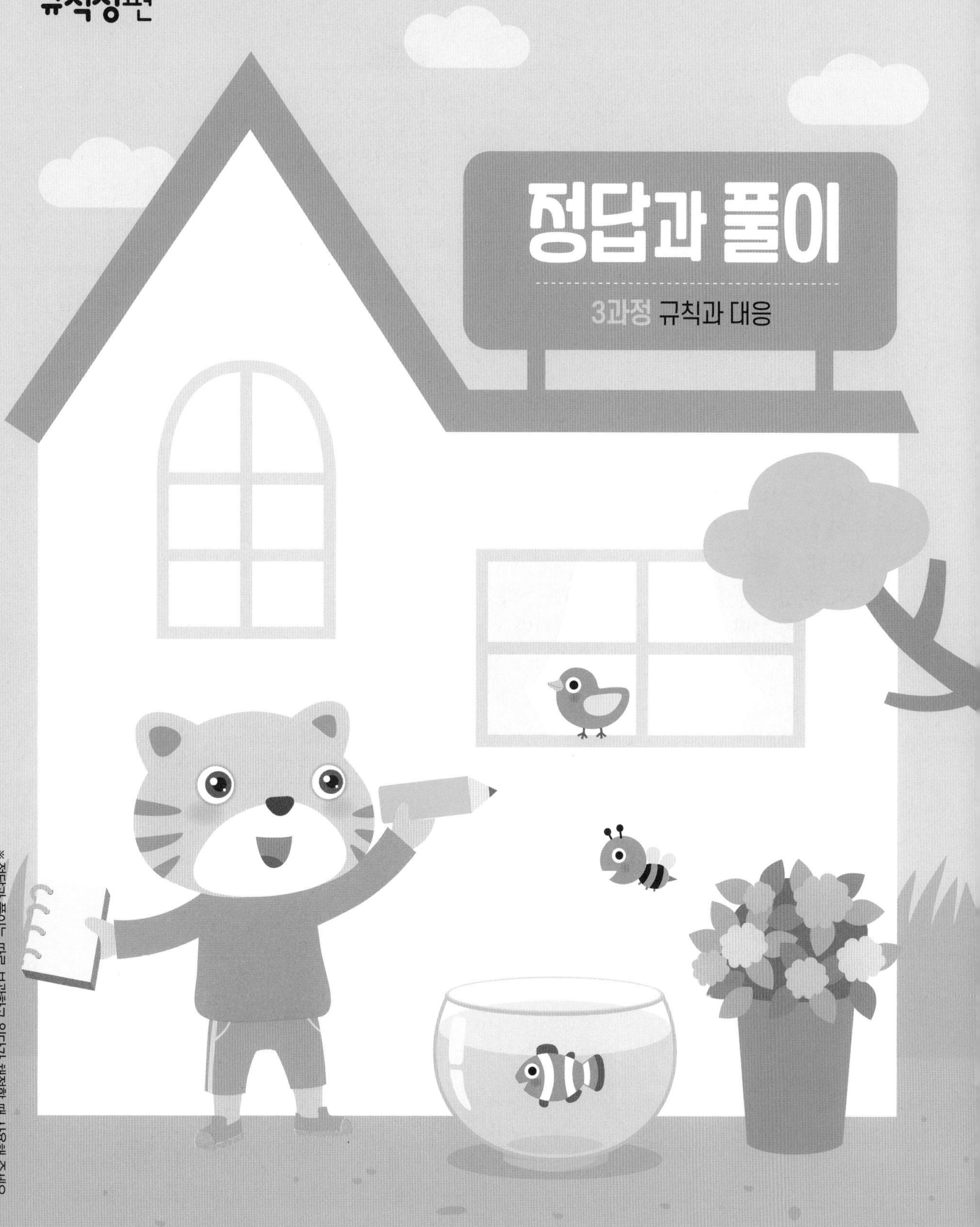

1ab

1 예 자전거, 바퀴
2 예

3 예

4 예 삼각형, 사각형
5
6

〈풀이〉

1 찾을 수 있는 대응하는 두 양은 자전거의 수와 안장의 수 등 여러 가지가 있을 수 있습니다.

4 찾을 수 있는 대응하는 두 양은 도형의 수와 변의 수 등 여러 가지가 있을 수 있습니다.

2ab

1 예 그림, 집게
2

그림1   그림2

3

그림1   그림2   그림3

4 예 삼각형, 사각형
5
6

3ab

1 예 강아지, 다리
2 4   **3** 4
4 예 사각형, 성냥개비
5 4   **6** 4

〈풀이〉

1 찾을 수 있는 대응하는 두 양은 강아지의 수와 귀의 수 등 여러 가지가 있을 수 있습니다.

4ab

1 예 의자, 팔걸이
2 2   **3** 3, 4, 5
4 예 삼각형, 성냥개비
5 3   **6** 5, 7, 9

5ab

1 4   **2** 4   **3** 4
4 6   **5** 6   **6** 6

6ab

1 2   **2** 3, 4   **3** 1
4 3   **5** 5, 7   **6** 1

〈풀이〉

6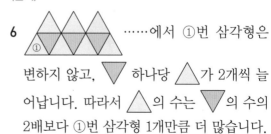

7ab

1 4 　　　　　　　**2** 4

3 ⑩ 의자의 수는 테이블의 수의 4배입니다.

4 6 　　　　　　　**5** 6

6 ⑩ 변의 수는 육각형의 수의 6배입니다.

8ab

1 2 　　　　　　　**2** 3, 4

3 ⑩ 그림의 수에 1을 더하면 집게의 수와 같습니다.

4 4 　　　　　　　**5** 7, 10

6 ⑩ 정사각형의 수의 3배에 1을 더하면 성냥개비의 수와 같습니다.

〈풀이〉

6  ……에서

○ 부분의 성냥개비는 변하지 않고, 정사각형을 1개 더 만들 때마다 성냥개비가 3개씩 더 필요합니다. 따라서 성냥개비의 수는 정사각형의 수의 3배보다 ○ 부분의 성냥개비 1개만큼 더 많습니다.

9ab

1 6, 8, 10

2 ⑩ 오리 다리의 수는 오리의 수의 2배입니다.

3 20 　　　　　　　**4** 12, 16, 20

5 ⑩ 학생 수는 모둠 수의 4배입니다.

6 24

〈풀이〉

3 오리가 10마리일 때,
(다리의 수)=10×2=20(개)입니다.

6 모둠 수가 6개일 때,
(학생 수)=6×4=24(명)입니다.

10ab

1 4, 5, 6

2 ⑩ 평행사변형의 수에 1을 더하면 삼각형의 수가 됩니다.

3 11 　　　　　　　**4** 7, 9, 11

5 ⑩ 삼각형의 수의 2배에 1을 더하면 성냥개비의 수가 됩니다.

6 15

〈풀이〉

3 평행사변형이 10개일 때,
(삼각형의 수)=10+1=11(개)입니다.

6 삼각형이 7개일 때,
(성냥개비의 수)=7×2+1=15(개)입니다.

11ab

1 ⑩ ○를 2로 나누면 □가 됩니다.

2 12 　　　**3** 30 　　　**4** 36

5 8 　　　　**6** 9

〈풀이〉

2 ○가 24일 때, □=24÷2=12입니다.

3 □가 15일 때, ○÷2=15, ○=30입니다.

4 □는 ○의 3배이므로 ○가 12일 때,
□=12×3=36입니다.

5 ○는 □를 5로 나눈 것이므로 □가 40일 때, ○=40÷5=8입니다.

6 □는 ○를 9로 나눈 것이므로 ○가 81일 때, □=81÷9=9입니다.

12ab

1 ⑩ ○에서 2를 빼면 □가 됩니다.

2 17 　　　**3** 22 　　　**4** 14

5 17 　　　**6** 31

〈풀이〉

2 ○가 19일 때, □=19-2=17입니다.

3 □가 20일 때, ○-2=20, ○=22입니다.

4 ○에 4를 더하면 □가 되므로 ○가 10일 때, □=10+4=14입니다.

5 ○에서 3을 빼면 □가 되므로 ○가 20일 때, □=20-3=17입니다.

6 ○의 2배에 1을 더하면 □가 되므로 ○가 15일 때, □=15×2+1=31입니다.

13ab

1 6, 9, 12, 15 **2** 3
3 30 **4** 7, 70
5 5, 12

〈풀이〉

3 세발자전거가 10대일 때,
(바퀴의 수)=10×3=30(개)입니다.

4 꽃의 수는 꽃다발의 수의 7배이므로 꽃다발 10개를 만들려면 필요한 꽃의 수는
10×7=70(송이)입니다.

5 귤의 수는 상자의 수의 5배이므로 귤 60개를 담으려면 필요한 상자의 수는
60÷5=12(개)입니다.

14ab

1 16, 17, 18, 19 **2** 3
3 23 **4** 2, 10
5 1, 15

〈풀이〉

3 영우가 20살일 때,
(누나의 나이)=20+3=23(살)입니다.

4 초록 사각판의 수는 노란 사각판의 수보다 2개 더 많으므로 노란 사각판이 8개일 때 초록 사각판은 8+2=10(개)입니다.

5 마름모의 수는 삼각형의 수보다 1개 더 적으므로 마름모가 14개일 때 삼각형의 수는 14+1=15(개)입니다.

15ab

1 10, 15, 20, 25 / 예 바둑돌의 무게는 바둑돌의 수의 5배입니다.
2 8, 12, 16, 20 / 예 동물의 수는 열차 칸의 수의 4배입니다.
3 12, 18, 24, 30 / 예 현의 수는 거문고의 수의 6배입니다.
4 16, 24, 32, 40 / 예 변의 수는 팔각형의 수의 8배입니다.

16ab

1 3, 4, 5, 6 / 예 종이의 수에 1을 더하면 누름 못의 수가 됩니다.
2 3, 4, 5, 6 / 예 자른 횟수에 1을 더하면 도막의 수가 됩니다.
3 5, 7, 9, 11 / 예 자른 횟수의 2배에 1을 더하면 도막의 수가 됩니다.
4 11, 16, 21, 26 / 예 정육각형의 수의 5배에 1을 더하면 성냥개비의 수가 됩니다.

〈풀이〉

3  ○ 부분은 변하지 않고, 실을 한 번 더 자를 때마다 2도막씩 늘어납니다.

4 ...... ○ 부분은 변하지 않고, 정육각형을 1개 더 만들 때마다 성냥개비는 5개씩 늘어납니다.

Mアイ

17ab

1 (위에서부터) 4 / 12, 20
2 (자동차의 수)×4=(바퀴의 수) 또는
(자동차의 수)=(바퀴의 수)÷4
3 (위에서부터) 2, 4 / 30, 50
4 (오징어의 수)×10=(다리의 수) 또는
(오징어의 수)=(다리의 수)÷10

18ab

1 4, 5, 6
2 예 (자른 횟수)+1=(도막의 수)
3 (위에서부터) 3 / 10, 12
4 예 (사각형의 수)×2+2=(원의 수)

〈풀이〉

4 사각형 양 옆의 원 2개는 변하지 않고, 사각형 1개당 위아래 원 2개씩 늘어납니다.

19ab

1 (위에서부터) 4 / 18, 30
2 예 (베짱이의 수)=(다리의 수)÷6
3 예 □=☆÷6
4 (위에서부터) 3, 5 / 8, 16
5 예 (바람개비의 수)×4=(날개의 수)
6 예 ☆×4=△

〈풀이〉

2 (베짱이의 수)×6=(다리의 수)로도 나타낼 수 있습니다.

3 □×6=☆로도 나타낼 수 있습니다.

5 (바람개비의 수)=(날개의 수)÷4로도 나타낼 수 있습니다.

6 ☆=△÷4로도 나타낼 수 있습니다.

20ab

1 오후 4시, 오후 5시
2 예 (파리의 시각)+7=(서울의 시각)
3 예 △+7=○
4 (위에서부터) 4 / 6, 8, 12
5 예 (그림의 수)×2+2=(누름 못의 수)
6 예 □×2+2=○

〈풀이〉

2 같은 날 파리가 오전 6시일 때, 서울은 오후 1시이므로 서울이 파리보다 7시간 빠릅니다.

5 첫 번째 그림 왼쪽의 누름 못 2개는 변하지 않고, 그림 1장당 누름 못이 2개씩 더 필요합니다.

21ab

1 (위에서부터) 3, 4 / 4, 10,
예 ○×2=□
2 (위에서부터) 2, 5 / 24, 32,
예 □×8=○
3 (위에서부터) 4 / 20, 30, 50,
예 □×10=○
4 (위에서부터) 3, 4 / 6, 15,
예 □×3=△

22ab

1 (왼쪽부터) 4000, 5000 / 2000, 3000
2 예 □=△+2000
3 (위에서부터) 4 / 5, 7, 11,
예 △×2+1=○
4 (위에서부터) 3, 4 / 6, 12,
예 □×2+2=○

영역별 반복집중학습 프로그램
규칙성편

〈풀이〉

2 (언니가 모은 돈)=(동생이 모은 돈)+2000 입니다.

3  ……에서 ○ 부분의

성냥개비는 변하지 않고, 삼각형이 1개 늘어날 때마다 성냥개비가 2개씩 더 필요합니다.

4 식탁 양옆에 있는 의자 2개는 변하지 않고, 식탁이 1개 늘어날 때마다 의자 수는 위아래로 2개씩 늘어납니다.

24ab

1 예 ☆−1=○
2 시윤 / 예 줄의 수나 매듭의 수는 0 또는 자연수입니다.
3 예 □+1=○
4 시윤 / 예 깃발의 수가 15개이면 □+1=15에서 □=14이므로 도로의 길이는 14 m입니다.

〈풀이〉

2 줄의 수는 매듭의 수보다 항상 1 크므로 민준이와 영하의 생각은 옳습니다.

4 • 도로의 길이가 1 m, 2 m, 3 m……일 때 깃발의 수는 2개, 3개, 4개……이므로 민준이의 생각은 옳습니다.
　• (도로의 길이)+1=(깃발의 수), (도로의 길이)=(깃발의 수)−1로 나타낼 수 있으므로 영하의 생각은 옳습니다.

23ab

1 예 △×2=□
2 연수: 틀림에 ○표 / 예 □의 값은 항상 △의 값에 따라 변하기 때문입니다.
슬기: 옳음에 ○표 / 예 기호는 얼마든지 다른 모양으로 바꿔서 나타낼 수 있습니다.
지혜: 옳음에 ○표 / 예 달팽이가 움직인 시간은 여러 가지 수로 나타낼 수 있습니다.
3 예 □×3=○
4 연수: 옳음에 ○표 / 예 비누의 수는 항상 상자의 수의 3배이므로 연수의 생각은 옳습니다.
슬기: 옳음에 ○표 / 예 대응 관계를 나타낸 식을 이용하여 상자 수가 많은 경우의 비누의 수도 구할 수 있습니다.
지혜: 틀림에 ○표 / 예 주어진 대응 관계를 나눗셈으로 표현하려면 ○÷3=□가 되어야 합니다.

25ab

1 4, 8, 12, 16, 20
2 (위에서부터) 4, 8 / 2, 4, 6
3 (위에서부터) 15, 25 / 1, 4, 8
4 (위에서부터) 3, 4 / 6, 15, 24
5 (위에서부터) 4, 7 / 4, 8, 24
6 (위에서부터) 18, 24, 36 / 2, 5

26ab

1 (위에서부터) 3, 7 / 2, 3, 10
2 (위에서부터) 3, 10 / 3, 6, 8
3 (위에서부터) 6, 8 / 3, 9, 14
4 (위에서부터) 4, 7 / 4, 5, 14
5 (위에서부터) 6 / 2, 4, 6, 9
6 (위에서부터) 4, 7, 15 / 2, 6

27ab

1 예 세발자전거의 바퀴 수(△)는 세발자전거의 수(□)의 3배입니다.

2 예 감이 한 봉지에 5개씩 들어 있습니다. 감의 수(□)를 5로 나누면 봉지의 수(○)가 됩니다.

3 예 사각형의 변의 수(□)는 사각형의 수(○)의 4배입니다.

4 예 한 모둠에 6명씩 앉아 있습니다. 학생 수(△)를 6으로 나누면 모둠의 수(☆)가 됩니다.

5 예 한 상자에 도넛이 10개씩 들어 있습니다. 도넛의 수(○)는 상자의 수(△)의 10배입니다.

28ab

1 예 내 나이(□)에 2살을 더하면 형의 나이(△)입니다.

2 예 마드리드의 시각(○)은 서울의 시각(□)보다 7시간 늦습니다.

3 예 사탕 10개를 동생이 △개, 내가 ○개 나누어 가졌습니다.

4 예 길이가 같은 색 테이프들을 묶어 한 줄로 길게 연결하였습니다. 이때 사용한 색 테이프의 수(○)에서 1을 빼면 묶은 매듭의 수(□)가 됩니다.

5 예 처음에 내가 칭찬스티커를 5장 가지고 있고, 동생과 내가 심부름을 하여 칭찬스티커를 매일 1장씩 받았습니다. 동생이 가진 칭찬스티커의 수(△)에 5장을 더하면 내가 가진 칭찬스티커의 수(○)가 됩니다.

29ab

1 예 테이블의 수, 의자의 수, (테이블의 수)×4=(의자의 수)
/ 요구르트의 수, 설탕의 양, (요구르트의 수)×11=(설탕의 양)
/ 달걀의 수, 꾸러미의 수, (달걀의 수)=(꾸러미의 수)×10
/ 김밥의 수, 열량, (김밥의 수)×270=(열량)

2 예 봉지의 수, □, 감의 수, ○, □×5=○
/ 고기의 근 수, ◎, 무게, ☆, ◎×600=☆
/ 기차가 달린 시간, □(초), 거리, ○(m), □×83=○

〈풀이〉

2 🥔는 한 봉지에 감이 5개 들어 있으므로

두 양 사이의 대응 관계는 (봉지의 수)×5=(감의 수)입니다.

30ab

1 예 오빠의 나이, 내 나이, (오빠의 나이)=(내 나이)+3
/ 의자의 수, 팔걸이의 수, (의자의 수)+1=(팔걸이의 수)
/ 철봉 기둥의 수, 철봉 대의 수, (철봉 기둥의 수)=(철봉 대의 수)+1
/ 로마의 시각, 서울의 시각, (로마의 시각)+7=(서울의 시각)

2 예 줄의 수, ○, 매듭의 수, ◎, ○-1=◎
/ 개찰구 기둥의 수, □, 드나들 수 있는 사람의 수, ○, □=○+1
/ 사진의 수, □, 누름 못의 수, ◎, □+1=◎

31ab

1 (위에서부터) 3, 5 / 8, 16
2 (예) □×4=△ 3 80
4 (위에서부터) 4 / 50, 75, 125
5 (예) ☆×25=□ 6 24

〈풀이〉

2 자동차의 바퀴는 4개이므로 자동차의 수의 4배가 바퀴의 수입니다.

3 자동차의 수가 20대일 때 바퀴의 수는 20×4=80(개)입니다.

5 만화 영화 상영 시간(초)의 25배가 필요한 그림의 수입니다.

6 그림의 수가 600장일 때 만화 영화의 상영 시간은 ☆×25=600 ⇨ ☆=600÷25=24(초)입니다.

32ab

1 (위에서부터) 5 / 3, 5
2 (예) □−1=◎ 3 14
4 (위에서부터) 5 / 3, 4, 5
5 (예) ○+1=☆ 6 29

〈풀이〉

2 차단봉의 수보다 차단벨트의 수가 1 작습니다.

3 차단봉이 15개이면 필요한 차단벨트의 수는 15−1=14(개)입니다.

5 실을 자른 횟수보다 실의 도막의 수가 1 큽니다.

6 실의 도막의 수가 30개이면 자른 횟수는 ○+1=30 ⇨ ○=30−1=29(번)입니다.

33ab

1 (예) □×8=△, 32
2 (예) ○×20=△, 100
3 (예) ○×200=◎, 2400
4 (예) □×9=△, 12

〈풀이〉

1 우유 4갑에 들어 있는 지방의 양은 4×8=32(g)입니다.

2 승연이가 5일 동안 운동한 시간은 5×20=100(분)입니다.

3 12위안은 12×200=2400(원)입니다.

4 열량 108킬로칼로리를 소모하려면 □×9=108 ⇨ □=108÷9=12(분) 동안 줄넘기를 해야 합니다.

34ab

1 (예) 12−◎=○, 7
2 (예) ☆=○+7, 오후 8
3 (예) □+1=○, 9
4 (예) ○=△+2011, 2031

〈풀이〉

1 12개에서 내가 먹은 만큼 빼면 동생이 먹는 양이므로 내가 5개를 먹으면 동생은 12−5=7(개)를 먹게 됩니다.

2 서울은 뮌헨보다 7시간 빠르므로 뮌헨이 오후 1시이면 서울은 오후 1+7=8(시)입니다.

3 철봉 기둥의 수는 철봉 대의 수보다 1 크므로 철봉 대의 수가 8개이면 철봉 기둥의 수는 8+1=9(개)입니다.

4 연도는 송아의 나이보다 2011 크므로 송아가 20살일 때는 20+2011=2031(년)도입니다.

35ab

1 27　　　　　　　**2** (예) □×3=○
3 20, 45, 30　　　**4** 50
5 (예) △×5=◎

〈풀이〉

1 현우가 답한 수는 성윤이가 말한 수에 3을 곱하는 규칙이므로, 성윤이가 9라고 말하면 현우는 9×3=27이라고 답할 것입니다.

4 민성이가 답한 수는 태영이가 말한 수에 5를 곱하는 규칙이므로, 태영이가 10이라고 말하면 민성이는 10×5=50이라고 답할 것입니다.

36ab

1 16　　　　　　　**2** (예) □+1=○
3 (위에서부터) 4, 9, 11 / 10, 15, 17
4 36　　　　　　　**5** (예) △+6=◎

〈풀이〉

1 현우가 답한 수는 성윤이가 말한 수에 1을 더하는 규칙이므로, 성윤이가 15라고 말하면 현우는 15+1=16이라고 답할 것입니다.

4 민성이가 답한 수는 태영이가 말한 수에 6을 더하는 규칙이므로, 태영이가 30이라고 말하면 민성이는 30+6=36이라고 답할 것입니다.

37ab

1 (예) □×4=☆　　**2** (예) □×2=☆
3 (예) □×6=△, 54
4 (예) □÷2=△, 13
5 (예) □÷4=△, 8

〈풀이〉

3 □×6=△이므로 □가 9이면 △는 9×6=54가 됩니다.

38ab

1 (예) □+3=☆　　**2** (예) □−4=☆
3 (예) □+6=△, 16
4 (예) □×2+1=△, 11
5 (예) □−2=△, 23

〈풀이〉

3 □+6=△이므로 □가 10이면 △는 10+6=16이 됩니다.

39ab

1 (예) 바자회에 참석하는 사람마다 기념으로 떡 2덩이씩 나누어 주려고 합니다. 필요한 떡의 수(△)는 참석한 사람 수(□)의 2배입니다.

2 (예) 세발자전거를 조립하려고 합니다. 조립할 수 있는 세발자전거의 수(○)는 준비된 바퀴의 수(□)를 3으로 나눈 수입니다.

3 (예) ○주일 동안 매일 운동을 했습니다. 1주일은 7일이므로 운동한 날수(☆)는 ○의 7배입니다.

4 (예) 공깃돌이 한 세트에 5개씩 들어 있습니다. △세트에 들어 있는 공깃돌의 수(□)는 △의 5배입니다.

5 (예) 가족들이 바닷가에 가서 잡은 낙지의 다리 수(△)를 8로 나누면 잡은 낙지 수(☆)가 됩니다.

6 (예) 4인용 테이블 △개에 앉을 수 있는 사람 수(○)는 △의 4배입니다.

40ab

1 ⑩ 서울 시각(△)은 예루살렘 시각(□)보다 <u>6시간 빠릅니다.</u>

2 ⑩ 빵 8개를 동생과 나누어 먹으려고 합니다. 동생에게 ○개를 주면 내가 먹을 수 있는 빵의 수(□)는 <u>8-○개입니다.</u>

3 ⑩ 몇 개를 사든 2개를 더 주시는 붕어빵집이 있습니다. 내가 △개를 사면 받는 붕어빵의 수(☆)는 <u>2+△개입니다.</u>

4 ⑩ 내 나이(○)는 형의 나이(△)에서 5살을 빼면 됩니다.

5 ⑩ 밀가루 □ kg 중 3 kg을 남기고 나머지로 빵을 만들었습니다. 빵을 만든 밀가루의 무게(○)는 □-3 kg입니다.

6 ⑩ 와 같은 1단짜리 책꽂이를 주문하려고 합니다. 책꽂이의 칸막이의 수(○)는 칸의 수(△)보다 1 큽니다.

〈풀이〉

1

> 지구의 자전으로 인해 해는 동쪽에서 뜹니다. 따라서 동쪽에 있는 나라일수록 시각이 빠릅니다. 세계 지도를 보면 이스라엘의 예루살렘보다 우리나라가 더 동쪽에 위치하므로 서울 시각이 예루살렘 시각보다 빠릅니다.

※ 지구는 둥글기 때문에 동·서의 구분은 날짜 변경선을 기준으로 합니다.

6 그림과 같은 책꽂이의 경우, 칸의 수(△)는 3, 칸막이의 수(○)는 3+1=4입니다.

성취도 테스트

1 9

2 6, 7 / ⑩ 사각형의 수는 원의 수보다 2 큽니다.

3 9

4 13, 16

5 ⑩ (정사각형의 수)×3+1=(성냥개비의 수)

6 ⑩ ☆×4=□

7 ⑩ □-3=☆

8 시현 / ⑩ 웰링턴이 오후 2시일 때 서울은 오전 11시입니다.

9 ⑩ ☆×6=♡

10 9

11 ⑩ 삼촌의 나이(◎)는 누나의 나이(△)보다 4살 많습니다.

〈풀이〉

1 팔찌 하나에 구슬이 9개씩 꿰어져 있습니다.

2 ① ② ……에서 ①, ② 부분은 변하지 않고 ◯가 1개 늘어날 때마다 ▢도 1개씩 늘어납니다.

3 대응 관계를 식으로 나타내면 □=◎×4입니다.

8 웰링턴이 서울보다 3시간 빠르므로 웰링턴이 오후 2시이면 서울은 3시간 늦은 오전 11시입니다.

10 ☆×6=54 ⇨ ☆=54÷6=9이므로 지수가 말한 수는 9입니다.